Nueva teoría funcional del TODO, para todos. Tenga a mano una hoja de papel y un lápiz para dibujar las trayectorias.

El TODO parte de un solo elemento tangible de MASA Primordial, que se expande porque no se puede mantener unido, al expandirse se creará un nuevo elemento Intangible que es el Espacio, que es solo una separación, pero un Elemento, es el elemento faltante para crear otro Efecto conocido como La Gravedad. La Gravedad es solo una Absorción que detendrá la Expansión y hará que los elementos Tangibles de la Masa se acerquen por la desaparición del Espacio Intermedio, creando aglomeraciones, este acercamiento es otro efecto conocido, que en esta Teoría se llama Dinamismo y se conoce como La Energía. Las aglomeraciones creadas por el acercamiento generado por la Gravedad, se acercarán y sus absorciones interactuarán creando los primeros planos, con generación de los primeros apoyos que serán recíprocos. Estas aglomeraciones ya apoyadas recíprocamente manifestarán el Dinamismo en los planos generados creando los desplazamientos reales orbitales. Se generaran aglomeraciones que orbitarán entre sí con órbitas elípticas debido a las combinaciones de efectos como apoyo, absorción, desplazamiento y deslizamiento donde se generarán cambios de trayectorias en los planos orbitales situacionales. Estas Aglomeraciones orbitando entre sí serán los primeros átomos del Universo entonces será la aparición de la Materia, una Materia Primordial. Las Masas cerca y orbitando son aglomeraciones de Masas, pero la primera aglomeración de Masas se ha creado con la Expansión que creó el Universo primordial en conclusión el Universo Primordial ha sido la primera Aglomeración de Masas, desde donde se creará varias Aglomeraciones de Masas pero estructuradas, estas Aglomeraciones de Masas Estructuradas, es la Materia. Entonces la Materia es solo Aglomeración de Masas Estructurada. Con la MATERIA el Universo se complica por la generación de nuevos planos que ya no serán solo orbitales y aparición de trayectorias direccionales generándose nuevos efectos que serán causas para los siguientes efectos, esto se conoce como sucesiones de Causas y Efectos en esta Teoría del TODO y sustituirá el Tiempo que es un término estrictamente Humano que se pretende ser lineal cuando las sucesiones no son lineales, se tendrá que dar una Causa para generar Efectos. No se niega el TIEMPO solo se considera una percepción sensorial que

puede tener la Vida Inteligente y se explicara en esta Teoría en uno de mis libros dedicado a la Vida.

Volveremos a los efectos intermedios importantes que analiza esta teoría, dando explicaciones y describiendo las causas que los genera. Estos son efectos desde cuando El Todo se resume a una sola MASA Primordial, hasta el presente, el presente, es la etapa actual cuando escribiré esta Teoría.

La Masa primordial se Expande por falta de Gravedad, por no cumplirse las condiciones para la Gravedad, la Masa es indiferente entre sí, vista en base a elementos, o tiene una sola trayectoria o ninguna, si se explica sin elementos. Entonces, si no hay nada que lo mantenga unida, se expandirá creando separación, la separación lo conocemos como Espacio, es una fracturación de la Masa Primordial.

Recuerde, que esta Teoría afirma que La Gravedad es un Efecto, Un Efecto del Espacio, así que en la Etapa cuando El Todo se rezume a un solo Elemento Macizo que es Tangible y en esta Teoría se denomina como MASA Primordial, no hay Espacio, así que la condiciones de la Gravedad no se cumplen y como La Masa es indiferente entre sí, Se Expandirá Fracturándose, pero en realidad se DIVIDE, el término DIVISIÓN es el correcto. Por la División se da la condición Múltiple convirtiendo Una Masa en varias Fracturas / Divisiones de la misma Masa Primordial, la **Condición Múltiple** convierte la MASA Primordial en Masas Primordiales. La condición para un Múltiple es La Separación que lo conocemos y identificamos como Espacio así que se da la **Condición de la Separación**. Con la separación aparece la **Condición Intermedia** que es muy importante por ser una zona de interacción común de las Absorciones, recuerda que La Masa tiene la propiedad de Absorber El Espacio, creando el efecto de Gravedad. La Gravedad es el Efecto del Espacio por ser Absorbido por La Masa creando Trayectorias Entrantes hacia las Masas absorbentes, hasta si no existe una Única Masa, las Fracturas son Divisiones desiguales de la Masa Primordial, en el Universo Primordial, entonces son de MASA y son MASAS solo por la condición Múltiple. La Condición Intermedia afectará todas las Masa del Universo hasta si se encuentran en partes opuestas del Universo. En una explicación sin Elementos se generan varias Referencias Tangibles con sus Diferencias intangibles. La condición Intermedia aplicada a absorciones genera un acercamiento pero no es un Desplazamiento, por generarse debido a la

Disminución del Medio, que es el Espacio donde en el Intermedio debido a la interacción de dos absorciones, el acercamiento será proporcional a las absorciones implicadas, sumándose. Entonces, el acercamiento no es por desplazamiento, si no, que se debe a la condición intermedia y a la suma de todas las absorciones, provocando disminución del Espacio intermedio y disminución del Espacio Total. Desde un observador externo se notara un Desplazamiento que es irreal, con acercamiento real, entre las Fracturas de Masas, aparece el Dinamismo en un estado Primordial también y se notara un aumento de Dinamismo que está provocado por la disminución del Espacio. Ya tenemos Fracturas de Masa separadas que son las MASAS donde las MASAS son MASA+ESPACIO=Gravedad, la Gravedad es una Absorción que genera acercamiento donde el Acercamiento lo detectamos como Dinamismo, este Dinamismo es la primera manifestación de la Energía que está en un estado primordial como el Universo en la etapa que se describe en este punto. El universo Primordial, es una Aglomeración de Masas Dinámica. Todo hasta ahora, son sucesiones de Causas y Efectos de la Masa y el Espacio, cada cambio importante en la actuación global del Universo, son las Etapas. Con la Expansión aparecen más efectos como,

Trayectorias intermedias, las perspectivas que son explicadas en el libro Conocimiento.

Así que llegamos a tener un Universo Primordial con Dinamismo donde se generan las Perspectivas, las Perspectivas son muy importantes y es la condición necesaria para el Conocimiento, explicado en un libro dedicado.

En conclusión, el Dinamismo es el resultado de la disminución del Espacio, entonces el Espacio no desaparece si no que se convierte en Dinamismo, hay un aumento de Dinamismo por Volumen restante, el Dinamismo lo conocemos como La Energía.

Volvemos a explicar lo omitido anteriormente. El Universo primordial es una Aglomeración de Masas dinámicas, con fracturas de Masas que se acercan entre sí, este acercamiento provocará que las absorciones interactúen en el Intermedio, esta interacción provocará una depresión intermedia que provocará un cambio de trayectoria. Si por absorción del Espacio Intermedio se genera un acercamiento por la disminución del Espacio Intermedio, debido a las absorciones sumadas, al acercarse seguirán absorbiendo hasta que en el intermedio se formará depresión del Espacio, por lo que las absorciones omnidireccionales regulares se verán afectadas . La absorción es proporcional al Volumen de la Masa Absorbente, se ejerce omnidireccionalmente pero sujeta a la condición intermedia. Cuando las absorciones regulares interactúan creando depresión intermedia y dado que la absorción es proporcional al volumen de MASA, se producirá un cambio de trayectoria intermedia, ya que se afecta la absorción omnidireccional que dejara de ser regular en toda la superficie de las Masas Involucradas. Voy a explicar el desempeño de una absorción omnidireccional del Espacio y como afecta el desplazamiento. Una absorción omnidireccional regular es quieta/inmóvil, en el Espacio no genera desplazamiento, porque sus partes absorbentes se cancelarán entre sí, pero generará deslizamiento, eliminando la fricción si existe. Si la omniabsorción regular se ve afectada en una de las partes, entonces absorberá más en la parte no afectada, disminuyendo el espacio en esta parte no afectada y se detectará como un desplazamiento. Esto sucede cuando las absorciones interactúan entre sí dejando de ser regulares en toda la superficie, formando la depresión, se producirá un desplazamiento contrario a la depresión, que se detectará como alejamiento intermedio y continuará hasta que desaparezca la depresión, pero cuando las absorciones sean regulares absorbiendo nuevamente el espacio intermedio acercándose hasta que se forme de nuevo la depresión , se puede detectar como un vaivén / oscilación intermedia, este es la formación del primer apoyo, aunque sea recíproco, pero también es el primer desplazamiento real, con cambios de trayectorias intermedias. Ahora las Masa involucradas están cerca oscilando en el plano intermedio, pero en el plano orbital no hay apoyo, entonces se generara otro desplazamiento en el plano orbital por deslizamiento, la combinación del apoyo, desplazamiento intermedio, deslizamiento y desplazamiento orbital generara un desplazamiento orbital elíptico ya conocido. Es la descripción de la **Formación de los primeros** Átomos en el Universo, la formación de **La Materia**. Con la formación de la Materia el Universo se complica, la Materia tiene una propiedad nueva que es la Reacción que es solo un intercambio de Dinamismo. **La Materia es solo Aglomeración de Masas Dinámicas, con estructura Estable.**

La División está presente, desde una Masa que se divide, hasta una Aglomeración de Masas que forma el Universo

Primordial que se divide en varias aglomeraciones formando Átomos y continuará. En este punto el Universo seguirá una aglomeración de Masas formada por otras aglomeraciones de Masas estructuradas, no sólo fracturas de Masas, ya no seguirá siendo primordial. Las Aglomeraciones de Masas seguirán acercándose formando aglomeraciones de Masas cada vez más Volumétricas, las que no reaccionen se acumularán. El Universo se convertirá en un Universo estructurado siguiendo sucesiones de Causas y Efectos, pero el Volumen Universal seguirá transformándose en Dinamismo que se distribuirá entre las Masas generando Sucesiones de Causas y Efectos descritos al los libros de esta Teoría, la Teoría del TODO por Bepe Popu.

Continuamos desde un Universo consolidado donde hay ya acumulaciones masivas de Masas como Planetas, Estrellas, Sistemas planetarios , Galaxias y cúmulos de Galaxias pero hay algo mas, MASA en su forma primordial que no ha podido hacer todavía acumulaciones estos son los Agujeros Negros Heredados. En la expansión se formaron las Fracturas desde la Masa Primordial, esta fracturas eran desiguales como volumen y algunas eran tan grandes que no han podido formar acumulaciones por formar depresiones que los mantiene todavía alejadas, pero siendo tan grande, su absorción ha acercado otras Masas menores formando aglomeraciones como Galaxias.

Las aglomeraciones de Masas tienen el mismo comportamiento que la Masa debido a su composición de Masa de sus Masas, la absorción es proporcional a su volumen de Masa en las Masas sumándose. Recuerda que la medida utilizada en esta Teoría del todo es el Volumen y en las Masas la absorción es proporcional al volumen de Masa que compone las Masas no al volumen total de las Masas por que las Masas es la suma volumétrica del Espacio y La Masa que los compone. Entonces el Volumen de Masa en las Masas afectara también la depresión y la distancia oscilante donde se colocaran las Masas con sus orbitas. Esto provocara comportamientos situacionales diferentes dependiendo del Volumen de Masa, Dinamismo. Ejemplo de estos comportamientos situacionales son una masa dentro del campo gravitacional de la Tierra u fuera de este campo. Hay una situación estable oscilante que se conoce como el **Horizonte de Sucesos** donde cambiara el comportamiento de las Masas. El Horizonte de Sucesos es la zona de Oscilación explicada anteriormente provocada por el acercamiento debido a la condición intermedia, está relacionado con la diferencia de masa entre las masas involucradas, el horizonte de sucesos es independiente, individual y singular para cada masa. Hay tres comportamientos importantes, si las masas son muy alejadas sin formar depresión se acercaran por absorber un espacio intermedio común, si las masas se acercan y forman la depresión entonces se formara el desplazamiento intermedio con deslizamiento orbital que llevara a un desplazamiento orbital elíptico, orbitaran entre sí, debido al apoyo reciproco con formación y desaparición de la depresión. Pero si una Aglomeración de Masas o Masa se encuentra dentro de una absorción entonces se desplazara con el Espacio Absorbido y colisionara con la Masa Absorbente. La distancia estable conocida como Horizonte de Sucesos es proporcional a la diferencia volumétrica entre las Masas involucradas. Esto quiere decir que si una Masa tiene una magnitud volumétrica de 100 y otra de 40 tendrá un Horizonte de Sucesos menor que unas Masas con magnitud volumétrica de 100 y otra de 10. Como Mayor la diferencia Volumétrica de Masa entre las Masas más alejadas orbitaran y menor diferencia volumétrica orbitaran más cerca, entonces si se sitúa sobrepasando el limite intermedio del Horizonte de Sucesos tendrán una

Trayectoria de colisión y se acumularan por situarse en un espacio en desplazamiento hacia la Masa absorbente. Si dos aglomeraciones de Masas con órbita estable, se les altera sus diferencia de Masa entre sus Masas, aumentando las diferencias se alejarán, pero si se disminuye la diferencia entre los volúmenes de Masa en las Masas involucradas se acercarán. La órbita menos estables son las volumétricamente iguales sin diferencias, si fueran volumétricamente iguales en composición de Masa orbitaran entre sí. Si se traslada Masa de una a otra también se alejarán. La distancia estable oscilante conocida como órbitas que son elípticas está relacionada con la diferencia de masa entre las masas involucradas « por favor leer bien esta definición ». El horizonte de sucesos es relacionado también con la diferencia de Masa entre las Masas involucradas, mayor diferencia más lejos y menos diferencia más cerca, entonces las más pequeñas tienen más probabilidad que estén dentro de un horizonte de una Aglomeración Mayor si están cerca, pero dos Masas mayores puede que no estén invadiendo el Horizonte de la otra incluso si están cerca, esto si son del mismo volumen, o aproximado. Este es el comportamiento de las Masas, o aglomeraciones de Masas, en el Universo.

Hay otros comportamientos que ya se conocen, es debido a un efecto conocido, que en esta Teoría lo denomino como Dinamismo.

- Si a dos Masas en una Órbita Estable se le aplica Dinamismo con trayectoria de separación moderada, al dejar de aplicarle el dinamismo se acercaran de nuevo.

- Si a dos Masas en una Órbita Estable se le aplica Dinamismo con trayectoria de separación fuerte, al dejar de aplicarle el dinamismo seguirán alejándose pero disminuyendo hasta acercarse de nuevo si todavía esta en un espacio en desplazamiento por la absorción de la otra Masa.

- Si a dos Masas en una Órbita Estable se le aplica Dinamismo con trayectoria de separación extrema , al dejar de aplicarle el dinamismo seguirá la trayectoria aplicada a través del dinamismo sin frenarse, debido al deslizamiento provocado por su propia absorción.

- Si a dos Masas en una Órbita Estable se le intenta aplicar Dinamismo moderado con trayectoria de colisión se notara que el esfuerzo será mayor de lo esperado porque las Masas involucradas tienden volver a la distancia estable, a su órbita.

- Si a dos Masas en una Órbita Estable se le aplica Dinamismo extremo con trayectoria de colisión y si se consigue traspasar el limite intermedio del Horizonte de Sucesos, la masa menor entrara en un espacio que tendrá desplazamiento con trayectoria hacia la Masa mayor absorbente y colisionaran, se acumularan.

En conclusión el Dinamismo es igual de importante como la cantidad de Masa en las Masas. El Dinamismo se conoce como Energía, tiene trayectoria y es cuantitativo.

El comportamiento dentro del Horizonte de Sucesos es que más se conoce y muy fácil de detectar y identificar por estar ya en un planeta como la Tierra. Todos conocemos los efectos de la Gravedad en la superficie de nuestro planeta. Todas las Masas dentro del Horizonte tienen trayectoria de Colisión, acumulación. Esto se debe que estas Masa están atrapadas en un Espacio en desplazamiento por ser absorbido por el Planeta que es solo una Aglomeración de Masas mayor. Entonces las Masas solo están atrapadas en un espacio con desplazamiento hacia la Masa absorbente sumando su absorción. Esta absorción que se suma lo detectamos como Peso o diferencias de Masa en las Masas atrapadas. La interpretación de la Pluma y el Martillo no vale, cada Aglomeración de Masas suma su absorción si no puede crear depresión.

No creo que tendré que explicar el comportamiento al aplicar dinamismo a una Masa o aglomeración de Masas dentro del Horizonte de sucesos por ser ya muy conocido y estudiado el comportamiento de las Masas en la Tierra si se le aplica Dinamismo.

Volvamos al principio, a explicar La Masa, y por qué lo Tangible, en un libro anterior expliqué la formación de lo Tangible en base a Trayectorias, sin Elementos. Sin elementos será ilógico explicar algo Tangibles y mas para intelectos basados en Comparación. La formación de lo Tangible será la formación de los Elementos, desde lo Intangible. Voy a explicar en base a trayectorias, pero para comprender a partir de trayectorias, será necesario comprender qué son las trayectorias y cuál ha sido la primera trayectoria completa, en el funcionamiento del Todo. La primera Trayectoria ha sido Omnidireccional que se puede considerar una Trayectoria pero en esta Teoría se considera la primera Trayectoria. Las Trayectorias forman los Planos, por lo que el primer plano formado a partir de una Trayectoria Omnidireccional es también un Plano

Omnidireccional. Ahora tengo que aclarar que es Omnidireccional porque la ciencia lo considera en todas las direcciones, pero no lo aplica como tal. El omnidireccional es en todas las direcciones, pero siempre tiene una referencia y esta referencia es al Volumen, la superficie. En Ciencias solo se está considerando desde la superficie, como saliente, pero esta Teoría agrega lo importante y considera que el omnidireccional tendrá que ser en todas las direcciones, incluyendo las trayectorias entrantes. Así que se generan trayectorias salientes pero también trayectorias entrantes, desde la referencia de volumen . La formación de la Masa que es lo Tangible, se puede observar aún en la etapa actual, en un Universo consolidado, observando las Explosiones de las Estrellas, donde se genera un Agujero Negro, que no es Heredado, es el resultado de la Explosión de las estrellas.

La ciencia actual tiene un intento de explicar esta formación de estos agujeros negros, en base a elementos como la Masa, pero es al revés, es la generación de Masa a través de una Causa donde la Masa no interviene, aunque participe. El responsable de la formación de estos agujeros es algo sorprendente e intangible, es el Dinamismo y te lo explicaré. Para detectarlo será necesario medir antes de la Explosión la

Masa en el área, que será posible en función de la gravedad, midiendo la suma de las absorciones. La Explosión genera una trayectoria omnidireccional a partir de la referencia de Volumen que será aproximadamente la superficie de la Estrella. Esta Explosión generará trayectorias salientes desde la referencia, que se distribuirán en un espacio exterior en ángulo abierto, provocando una disipación, que alcanzará miles o millones de años luz y cuya magnitud ya se puede apreciar. Aquí es donde entra la Tercera Ley de Newton o principio de acción y reacción, que es una observación comprobada, donde dice que toda acción genera una reacción de igual intensidad, pero en sentido contrario. Entonces la misma magnitud de las trayectorias salientes tendrá la del sentido contrario pero generando trayectorias entrantes en un ángulo cerrado. Lo que se aleja se alejará disipándose, lo que entra será de la misma magnitud creando trayectorias entrantes que se concentrarán. Las trayectorias entrantes tiene parecido a la misma Gravedad, que es la propiedad a la que se refiere esta Teoría como absorción si se explica en base a elementos, creo que te darás cuenta que acabo de explicar el efecto de Gravedad, sin necesidad de usar elementos, solo basado en trayectorias. Después de la Explosión de la Estrella y dejando un Agujero Negro, medimos la gravedad en el área y comparando con la primera medición observamos que hay más gravedad, lo que significa un aumento de Masa, es la creación de Masa, en conclusión La Masa es sólo Dinamismo, Trayectorias, un Vórtice Omnidireccional que absorbe el Espacio. La diferencia entre TANGIBLE Y INTANGIBLE es cuestión de Dinamismo. Recapitulando detectamos que, El Espacio se convierte en Dinamismo, Dinamismo en Masa (Tangible), entre otros. Volviendo a la estrella que explota y forma un agujero negro, vemos que sus partes Tangibles se distribuyen en un amplio espacio desacelerando y que empiezan a acercarse unas a otras, acumulándose, agrupándose alrededor de las mas volumétricas y acercándose también al Agujero y no perdiéndose en el espacio, esto debido a la condición intermedia y a la propiedad de absorción de la Masa. Con la formación de la Masa por la formación de agujeros negros, se cumple también el carácter acumulativo del Todo entre Ciclos. En conclusión, los Agujeros Negros son Masa pero solo Trayectorias Entrantes, capaces de absorber Espacio, pero no tendrá que ser visto como una absorción hasta si cumple con todas las características de una absorción, son trayectorias entrantes con ángulos cerrados, para que existen las Trayectorias la condición es Espacio. Tendrá que leer la explicación sin elementos, basada en trayectorias, que se presenta en mis libros.

Así aparece nuevamente el efecto División con la aparición de la Materia, donde por la reacción se forman trayectorias que no serán solo Omnidireccionales y aparecerán Trayectorias Direccionales, las cuales serán en un solo plano. Los planos también dejarán de ser solo omnidireccionales, siempre hay una relación entre las trayectorias y los planos. Las Trayectorias direccionales son división de la Trayectoria Omnidireccional, y así habrá que verlas, no al revés, como que la suma de los planos y trayectorias direccionales da como resultado un plano, o una trayectoria, omnidireccional, porque todo es sujeto a división, no a multiplicación. Hasta ahora se puede identificar la División en la Masa primordial creando Masas, en las Trayectorias y Planos, Perspectivas, Dinamismo y seguirá. El Todo está sujeto a División y Acumulación.

Ya hemos explicado La Masa Primordial, que es solo un elemento Tangible/Sólido/Macizo, el Espacio que es otro Elemento pero Intangible, las Masas Primordiales que son Fracturas/ Divisiones de la Misma Masa Primordial entonces son Tangible/Sólidos/Macizos separadas entre sí, La Materia que son solo aglomeraciones de Masas Estructuradas donde se han hecho referencias al Dinamismo, que seguiré explicando un poco más para que se entienda su aspecto y lo que es. El Dinamismo lo conocemos como la Energía pero también ha tenido un estado primordial. El Dinamismo aparece con la Expansión, cumpliéndose la condición Espacio, generando el efecto Absorción, que se conoce como la Gravedad, formándose las primeras Trayectorias entrantes, hacia las Fracturas de Masa ya Masas, absorbentes, creando Desplazamiento irreal, con acercamiento real, pudiéndose identificar ya las trayectorias que eran omnidireccionales entrantes. Formándose las Masas se da también la condición intermedia que es una zona de interacción común. El primer desplazamiento hasta irreal es el primer dinamismo también que lo primeros se manifestó como alejamiento en la expansión, y acercamiento después de la expansión. Hasta si el alejamiento duro muy poco, un instante, se tiene que considerar. Recuerda que todo el volumen total del Universo Primordial se ha formado en un instante y ha habido un alejamiento real, formando la separación, hasta si el desplazamiento no ha existido. Te preguntaras, como que se produce un alejamiento, pero sin necesitad de desplazamiento, en esta Teoría la Expansión ha sido una colocación, de las Fracturas de Masa, en un Espacio en

Formación, y esto aclara todo teniendo en cuenta que alejar o acercar es cuestión de añadir o reducir espacio. Por darse la condición faltante para la Absorción donde la condición faltante era el Absorbido, (El Espacio), la expansión se revierte, creándose una disminución, debido a las trayectorias resultante de las absorciones individuales, de cada Masa / Fractura de Masa ya Masas, que sumaran sus absorciones globalmente, estas absorciones sumadas provocara una disminución del espacio total, pero por darse la condición intermedia, las absorciones en el intermedio producirá una disminución del espacio intermedio, con aumento de absorción en el intermedio, por crearse la zona de interacción común intermedia. Así que el Universo todavía Primordial pierde volumen, creando acercamiento entre las Fracturas de Masa ya Masas, esta Fracturas de Masa son desiguales volumétricamente y como la absorción es proporcional al Volumen de Masa las absorciones son desiguales también provocando aglomeraciones alrededor de las mas Volumétricas. Al acercarse las absorciones interactuaran entre sí en el intermedio, creando la depresión explicada ya antes. Estas depresiones generaran cambios de trayectorias hasta si son intermedias, aparecerá la primera manifestación de Energía así como lo conocemos, que es el mismo Dinamismo. Se generaran trayectorias intermedias y orbitales, así que el Dinamismo aumenta y se acumulara en estas Aglomeraciones de Masas como Desplazamiento real, Orbital, Elíptico. Estas aglomeraciones de Masas con su desplazamiento Orbital Elíptico, es la aparición de los primeros Átomos, es la Materia, que será variada dependiendo del Volumen de Masa y el Dinamismo en estas Masas ya Estructuradas. La Materia genera un nuevo Efecto que es la Reacción, la Reacción nos es bien conocida pero en esta Teoría solo se considera un intercambio de Dinamismo entre las Aglomeraciones de Masas Estructuradas, generando trayectorias que no serán solo Orbitales o Intermedias, así que el Universo dejara de ser Primordial aumentando su Dinamismo y los tipos de Dinamismo, pero en detrimento al volumen. Habrá un aumento de Dinamismo por Volumen de Espacio restante, el Universo encogerá, acelerando las Sucesiones de Causas y Efectos. Estas Sucesiones de Causas y Efectos los detectamos como Tiempo, Tiempo Humano por ser solo una percepción sensorial que se pretende ser Lineal. Se puede observar un carácter acumulativo hasta si es por división, la observación "Nada se pierde, todo se transforma" de Antaine Lavoisier es real, El Espacio no desaparece se convierte en Dinamismo, pero sí que El Todo es Acumulativo entre Ciclos. Espero que esta Explicación del Dinamismo sea comprensible, la he explicado de la manera más sencilla y lógica posible, usando más palabras de las necesarias en mi opinión.

Anteriormente hice referencia a las Sucesiones de Causas y Efectos y contare algo sobre estas. Está relacionado con la formación del Dinamismo por la disminución del Espacio. Considerando al Universo como un medio donde existen masas en un espacio común, donde las Masas son constantes como suma volumétrica pero el Espacio es variable y decreciente. ¿Qué sucederá con las fracturas de masa si se reduce el volumen del medio? Lo que sucederá es un reposicionamiento de estas fracturas de Masa en el Espacio Remanente. La Reubicación se basa en el Dinamismo por desplazamientos. Las Sucesiones de Causas y Efectos es la reubicación, interacción, reorganización continua de las Masas en un Volumen en continuo decrecimiento que hará incompatible cualquier integridad estructural a lo largo de las Sucesiones de Causas y Efectos, en esta Teoría, el Conocimiento, es el único capaz de mantener la integridad estructural de las Aglomeraciones de Masas y sólo lo he detectado actuando en las Masas que los ocupa la Vida. Las Sucesiones de Causas y Efectos no son lineales pero el Humano los detecta como Tiempo que se pretende ser lineal pero no lo es, solo que se percibe como tal por el observador al ser parte del sistema, un sistema o el medio que es variable. El Universo se acelera y las Sucesiones de Causas y Efectos también. Acabo de explicar las causas, para un efecto universal, pero que en las Masas que los ocupa La Vida se conoce como Envejecimiento, pero también se describe la actuación del Conocimiento en las Masas ocupadas por la Vida, que en esta Teoría siguen siendo Masas.

En este libro me saltaré la explicación de la Vida y Conocimiento porque fueron publicados en un libro anterior, donde se le ha dado sus importancias. Ya estamos en la Etapa actual del universo, por lo que no podré explicar más lo anterior y pasaré a la propiedad de predictibilidad que ofrece esta Teoría del Todo.

Seré muy breve y me referiré solo a lo importante, se puede deducir desde esta Teoría, que el Universo encoje, disminuyendo su Espacio que es variable pero la Masa sigue casi constante, salvo a un aumento pequeño generado por la transformación del Dinamismo en Masa con la formación de los Agujeros Negros no Heredados, en este libro se explicó anteriormente que los Agujeros Negros son Masa y son solo Trayectorias entrantes, relacionados con el Espacio, hasta si la Masa participe en el proceso. Debido que La Masa, lo Tangible, absorbe el Espacio tendrá como fin la desaparición total del Espacio, dando fin al Universo que era solo una Aglomeración de Masas de cual quedará solo la Masa, cómo una única Masa. Claro que esto le suena si ha leído el Libro desde el Principio, o si ya está familiarizado con esta Teoría. Esta Única Masa es la Masa Primordial, pero será un poco mayor que la anterior por la acumulación de Masa generada en las explosiones de Estrellas, donde se formaron los Agujeros Negros no heredados ya EXPLICADOS. Quedará solo una Masa, Primordial, sin Espacio, así que la condición de la Gravedad ya no se dará, entonces la Gravedad dejará de existir por no cumplirse la condición para su existencia. La Masa es indiferente entre si, y como la Gravedad deja de manifestarse no habrá nada que lo mantenga unida la Masa Primordial, y se expandirá. Pero la Masa en base a lo descrito en esta Teoría sin usar elementos, son Trayectorias, en la explicación sin Elementos son Trayectorias entrantes. Para que se formen Trayectorias entrantes, la condición es el Espacio, pero ya no existe. La Masa todavía presente como única referencia, que eran Trayectorias Entrantes se revertirán, convirtiéndose en salientes las únicas posibles desde una referencia, debido a la falta a varias Referencias. El Espacio para que existe necesita por lo menos dos referencias, que pueden ser una tangible y la otra Volumétrica intangible, y solo quedará una y será la única Referencia Existente que es La Masa, entonces las trayectorias serán posibles, solo DESDE, esta Referencia y serán salientes. En la Explicación sin Elementos el Todo es, Referencial, Diferencial, Acumulativo, Cuantitativo, Repetitivo. La condición de la Separación tiene que ser Referencias (Múltiples) no Referencia (Singular), la Separación lo conocemos como Espacio. Para referirse a la Masa Primordial, es muy correcto utilizar el término SINGULARIDAD, por su carácter único, a partir de donde se creará la primera Trayectoria que será Omnidireccional. En conclusión, si hay varias referencias las diferencias serán entre estas referencias, (masas), pero si hay solo una referencia solo será posibles diferencias desde esta única Referencia que serán siempre salientes, DESDE. Diferencias desde esta única Referencia es la Misma Expansión, con la generación de varias referencias con sus diferencias, haciendo posibles de nuevo las Trayectorias entrantes, que será la aparición de la Gravedad, formando un nuevo Universo desde una única Masa, Primordial. Por esto el carácter repetitivo, Cíclico pero acumulativo del Todo.

He compartido mi Conocimiento a través de este libro que es solo una Masa inerte, con el propósito de ser almacenado en otras Masas de Vida inteligente, cumpliendo mi propósito como Humano, lo he compartido para no ser afectado por las sucesiones de causas y efectos que también afecta mi integridad estructural, siendo Masas, hasta de Vida, inteligente, Humana, que se acerca también al final de su Ciclo Vital.

Daré como acabado mi trabajo y dejaré en manos de otros, la comprobación, continuación, de esta Teoría. Espero que sea de utilidad y que ayude la perpetuación del Conocimiento entre Ciclos.

Dibujando las Trayectorias:

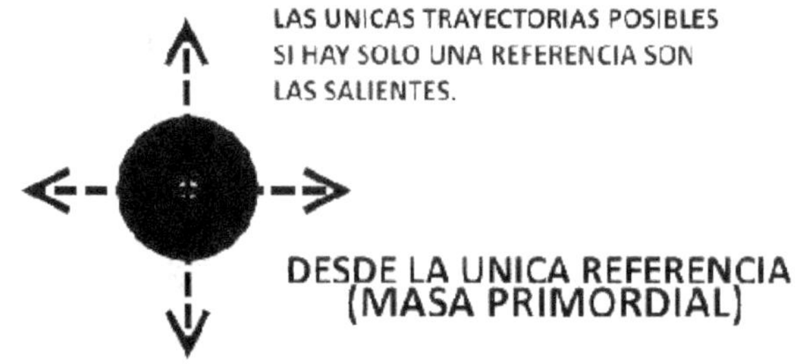

GENERACION DE TRAYECTORIAS

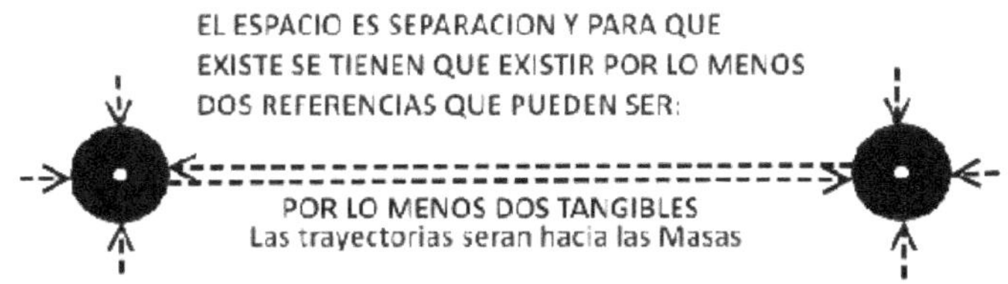

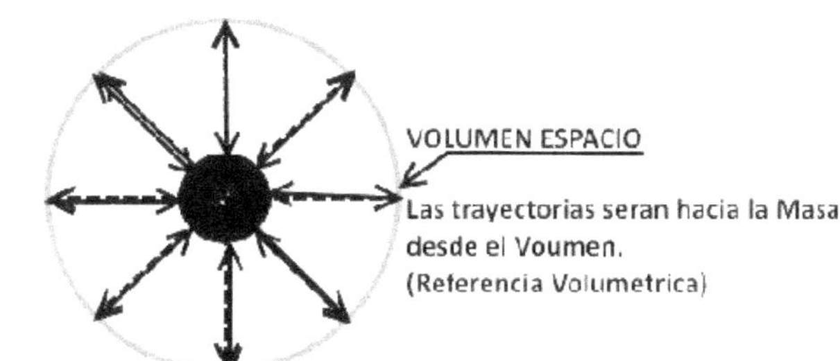

O UNA REFERENCIA TANGIBLE Y OTRA PUEDE SER INTANGIBLE
CON REFERENCIA AL VOLUMEN.

EN CONCLUSION: TANTO TIEMPO QUE EXISTEN 2 REFERENCIAS TANGIBLES DE MASA O
UNA REFERENCA TANGIBLE Y ESPACIO , EXISTIRA GRAVEDAD (Trayectorias Entrantes).

En resumen si la Masa Primordial (Pre Primordial) está situada en un Espacio, habrá Trayectorias Entrantes, por formarse referencias, una será La Misma Masa y la segunda en Volumen del Espacio. Pero si no hay Espacio y solo quedara la Masa Primordial, las Trayectorias serán posible solo desde esta Masa, dibujando las Trayectorias nos daremos cuenta que solo serán posible desde esta Masa, que es la única Referencia posible. Esta Explicación demuestra la simplicidad en una explicación sin elementos, solo usando Referencias de donde se generan las Diferencias que son las mismas Trayectorias. Recuerde que la explicación en base a elementos solo es válida para entender el funcionamiento del Universo, pero la explicación sin elementos explicara El Todo donde el Universo es solo una etapa intermedia de un TODO Cíclico.

«El TODO son solo Diferencias entre REFERENCIAS»

¡ASÍ, DE SIMPLE, Y USÉ, TÁNTAS PALABRAS
PARA EXPLICARLO!

EL TODO ES SIMPLE, NOSOTROS LO COMPLICAMOS,
INTRODUCIENDO FICCIÓN, (IMAGINANDO), POR
FALTA DE CONOCIMIENTO.

PECECITO

Parte de la Teoría del Todo, por Bepe Popu.

© 2023, Bepe Popu
Impresión y editorial: BoD – Books on Demand
info@bod.com.es - www.bod.com.es
Impreso en Alemania – Printed in Germany
ISBN: 9788411744799

www.ingramcontent.com/pod-product-compliance
Lightning Source LLC
LaVergne TN
LVHW041257200726
843507LV00013B/3018